FORSCHUNGSBERICHTE DES LANDES NORDRHEIN-WESTFALEN
Nr. 2306

Herausgegeben im Auftrage des Ministerpräsidenten Heinz Kühn
vom Minister für Wissenschaft und Forschung Johannes Rau

Dr. Alfred Buschinger
Prof. Dr. Werner Kloft

Institut für Angewandte Zoologie
der Universität Bonn

# Zur Funktion der Königin im sozialen Nahrungshaushalt der Pharaoameise Monomorium pharaonis (L.) (Hym., Formicidae)

Springer Fachmedien Wiesbaden GmbH 1973

ISBN 978-3-531-02306-9   ISBN 978-3-663-20251-6 (eBook)
DOI 10.1007/978-3-663-20251-6

© 1973 by Springer Fachmedien Wiesbaden
Ursprünglich erschienen bei Westdeutscher Verlag, Opladen 1973

**Gesamtherstellung: Westdeutscher Verlag**

# Inhalt

| | |
|---|---|
| Einleitung | 5 |
| Methodik | 8 |
|   a) Haltung und Zucht der Pharaoameise Monomorium pharaonis | 8 |
|   b) Radioisotopentechnik zur Trennung von Kropf- und Drüsenfutter | 10 |
| Ergebnisse | 13 |
|   a) Der Nahrungstransport | 13 |
|   b) Die Futterverteilung im Nest | 15 |
|   c) Die Beteiligung der Königinnen am sozialen Nahrungshaushalt | 17 |
|   d) Stellung der Königin im sozialen Nahrungshaushalt während eines gesamten Brutzyklus | 18 |
| Diskussion der Ergebnisse | 22 |
| Zusammenfassung | 24 |
| Danksagung | 25 |
| Literaturverzeichnis | 26 |
| Abbildungen | 28 |

# Einleitung

Eines der wichtigsten Elemente im Verhalten der sozialen Insekten ist die Weitergabe von Nahrungssubstanzen zwischen den Angehörigen einer Sozietät (Trophallaxis). Von wenigen Ausnahmen abgesehen wird Nahrung bei den Hymenopteren nicht nur von Arbeiterinnen an die Brut, die apoden, hilflosen Maden, abgegeben, sondern in erheblichem Umfang auch an andere Arbeiterinnen, die häufig im Rahmen einer Arbeitsteilung als Innendiensttiere nicht selbst die Nahrungsquellen aufsuchen. Auch die jungen Geschlechtstiere, Männchen und Weibchen, sind in wechselndem Ausmaß von der Nahrungsversorgung durch die Arbeiterinnen abhängig. Schließlich verlassen die Königinnen, die reproduktiven Individuen in der Sozietät, nur in Ausnahmefällen das "Nest" zur Nahrungssuche. Sie sind meist in sehr hohem Maße auf die Versorgung durch Arbeiterinnen angewiesen.

Nahrungsquellen für Ameisen stellen zum einen Honigtau, gelegentlich auch Nektar und Baumsäfte (überwiegend Kohlenhydrate) dar, zum anderen Proteine aus tierischer Beute. Daneben benutzen spezialisierte Formen pflanzliche Samen (Kohlenhydrate, Proteine, Fette) oder auf organischem Material gewachsene Pilze (Kohlenhydrate und Proteine) als Hauptgrundlage ihrer Ernährung. Hausameisen wie Monomorium pharaonis wissen auch diverse menschliche Nahrungsmittel wie Mehl, Gebäck, Marmelade, Hefe, Fleisch, Wurst, Ei, Fette und dergleichen zu nutzen.

Der Transport fester Nahrung zum Nest kann in Form kleiner, abgeschnittener Partikel erfolgen, die frei in den Mandibeln getragen werden. Größere Beutestücke können auch von mehreren Arbeiterinnen gemeinsam fortbewegt werden. Flüssige Nahrungssubstanzen werden in den ektodermal ausgekleideten Kropf aufgenommen. Zwecks Weitergabe des Inhaltes kann dieser Kropf durch Muskeldruck über die Mundöffnung entleert werden (Regurgitation). Die Verhaltensweisen bei der Mund-zu-Mund-Fütterung sind eingehend beschrieben (z.B. Wilson, 1971, Sudd, 1967).

Eine Reihe von Drüsen in Kopf und Thorax der Ameisenarbeiterin haben Ausführgänge in den Mund beziehungsweise Vorderdarm (Abb. 1). Ihre Sekrete können verschluckt und dem Kropfinhalt beigemengt oder auch separat per os nach außen abgegeben werden.

Untersuchungen über die Nahrungsverteilung bei sozialen Hymenopteren wurden schon von Forel (1879), später von Goetsch (1939) mit Hilfe farbmarkierter Futterlösungen begonnen. Tiefergehende Experimente konnten jedoch erst nach Einführung der Markierung mit Radioisotopen durchgeführt werden (Gößwald u. Kloft, 1956, Wilson u. Eisner, 1957), da diese Methode das Messen von Nahrungsaufnahme und -abgabe überlebender Individuen ermöglichte. Die Fragestellungen und die Ergebnisse zeigten die Bedeutung verschiedenster Faktoren für die Intensität und Geschwindigkeit der Futterweitergabe. Die wichtigsten seien aufgezählt:

Artzugehörigkeit: Manche Arten kennen kaum eine Futterweitergabe; Formicinen verteilen generell rascher als Myrmicinen.
Kaste und Geschlecht (Weibchen, Arbeiterin, Männchen): Männchen fungieren meist nur als Endabnehmer. Weibchen verteilen meist weniger gut als Arbeiterinnen.
Alter des Individuums: Junge Arbeiterinnen geben weniger gern Futter ab als alte.
Entwicklungszustand: Larvenstadien, Imago.
Physiologischer Zustand: Innen- bzw. Außendienstarbeiterin, begattete bzw. unbegattete Königin.
Jahreszeit: Im Zusammenhang mit Nahrungsbedarf der Brut und der Königinnen von Bedeutung.
Art der Nahrung: Kohlenhydrate werden generell rascher weitergegeben als Proteine.
Temperatur: Stets läßt sich eine Unter- und Obergrenze sowie ein Temperaturoptimum für die Futterverteilung darstellen (Gößwald u. Kloft, 1960, G. Kneitz, 1963).
Feuchtigkeit: Sie ist besonders bei experimentellen Arbeiten von Bedeutung. Bei zu geringer oder zu hoher Luftfeuchtigkeit ist keine Futterweitergabe zu beobachten.

Ernährungszustand des Volkes.

Die Rolle der Königinnen, also der begatteten, eierlegenden Individuen in der Sozietät, wurde in den letzten Jahren von zwei Seiten her intensiv bearbeitet.

Aus theoretischen Erwägungen konnte erwartet werden, daß die Königinnen ihre oft enorme Eiproduktion keinesfalls aufrechterhalten könnten, wenn sie nur mit dem der Sozietät zur Verfügung stehenden, normalen Futter versorgt würden. Engels (1971), Görtz (1971) und Skrzipek (1969) machten für Bienen bzw. Waldameisen wahrscheinlich, daß von den Arbeiterinnen synthetisierte Proteine an die Königinnen übergeben und von diesen in die Ovarien und Oocyten eingelagert werden. Paulsen (1969) konnte zeigen, daß lipophile Verbindungen aus der Postpharynxdrüse der Formica-Arbeiterinnen unter anderem an die Königinnen weitergegeben werden. Ferner wird Glucose aus der Labialdrüse an Arbeiterinnen und Königinnen verfüttert.

Auf der anderen Seite fiel Gößwald u. Kloft (1960) sowie Markin (1970) auf, daß Königinnen in Versuchsgruppen, die mit radioaktivem Futter versorgt wurden, nicht selten mit einer gewissen Verzögerung gegenüber allen anderen Angehörigen der Sozietät (Larven, Arbeiterinnen) radioaktiv wurden. Der Schluß lag nahe, daß die Königinnen nicht immer normales Futter - Partikel oder Kropfinhalt - aufnehmen, sondern von den Arbeiterinnen eine spezielle, in bestimmten Drüsen bereitgestellte Nahrung erhalten. Es dürfte sich dabei nach den oben genannten Arbeiten in erster Linie um Proteine, ferner um Lipide handeln. Diese kommen nicht nur der fertilen Königin, sondern wahrscheinlich auch den Geschlechtstierlarven zugute. Sie dürften zumindest teilweise die von Bier (1956) geforderten "profertilen Substanzen" darstellen.

Daraus leiten sich weitere Probleme ab: Können Arbeiterinnen Kropfinhalt und die Produkte der in den Vorderdarm mündenden Drüsen wahlweise und getrennt voneinander, je nach Partner, verfüttern? Nach einer Arbeit von Naarmann (1963) an Waldameisen sollte dies nicht immer möglich sein.

Sie wies nach, daß die Drüsensekrete zuerst in den Kropf gelangen und aus diesem dann, unter Umständen vermischt mit normalem Futter, regurgitiert werden. Gößwald u. Kloft (1960) beschrieben dagegen, daß eine Formica-Arbeiterin mit radioaktivem Futter im Kropf bei Fütterungskontakten mit Königinnen keine Radioaktivität übergibt, wenn sie selbst das radioaktive Futter erst wenige Stunden zuvor aufgenommen hatte, so daß noch nicht genügend Zeit zur Verfügung stand um den Tracer ($^{32}P$) in das Drüsensekret einzubauen.

Sie beobachteten das gleiche Phänomen auch bei den Myrmicinen Leptothorax unifasciatus (Latr.) und Myrmica scabrinodis Nyl.. McMahan bezeichnet in einem Review (1969) unter Hinweis auf unsere Befunde die bis zur Übertragung von $^{32}P$ via Drüsensekret vergehende Zeit als "latency time" und verweist darauf, daß dieser Latenzeffekt von Alibert (1963) auch für Kolonien der Termite Cubitermes fungifaber nachgewiesen wurde.

Sind Königinnen immer auf diese Drüsensekrete angewiesen, oder werden sie zuweilen auch mit normalem Futter (als "Rohfutter" im folgenden bezeichnet) versorgt? Zumindest in der bei vielen Ameisenarten üblichen Phase der solitären Staatsgründung legt die Königin Eier, ohne daß sie von Arbeiterinnen umgeben ist. Die Königinnen mancher ursprünglicher organisierter Arten gehen in dieser Zeit selbst auf Nahrungssuche, bei höher spezialisierten Arten lebt die Königin bis zum Schlüpfen der ersten Arbeiterinnen von eigenen Körperreserven in einer abgeschlossenen "Gründungskammer".

Aus der Sozietät entnommen fressen hungrige Königinnen häufig Honig etc.. Die Verzögerung bei der Übertragung von Radioaktivität aus dem Futter auf die Königin tritt nur auf, wenn diese von einer entsprechend großen Zahl von Arbeiterinnen umgeben ist (Gößwald u. Kloft, 1960).

Es wäre also vor allem interessant zu erfahren, ob die "Abschirmung" der Königin von Rohfutter während eines ganzen Jahreszyklus oder während ihres ganzen Lebens in der Sozietät aufrechterhalten wird, ob sie also stets nur mit Drüsensekreten ernährt wird. Die Aufgabe, die sich aus diesem Problem ableitete, erforderte ein Modelltier.

Nach verschiedenen Experimenten mit einheimischen Ameisen fiel unsere Wahl auf die Pharaoameise, die als Hauslästling und Schädling auch in Deutschland wachsende Bedeutung gewinnt (Sy, 1970). Folgende Voraussetzungen lassen diese Ameise für die Lösung des Problems besonders geeignet erscheinen:

a) Für Monomorium pharaonis konnte eine Dauer- und Massenzuchtmethode entwickelt werden (Buschinger u. Petersen, 1971).

b) Die Pharaoameise ist polygyn, eine Sozietät kann mehrere hundert physiologisch gleichwertige Königinnen enthalten.

c) Eine große, homogene Sozietät kann ohne Nachteil in viele gleich große und gleichwertige Versuchsgruppen unterteilt werden.

d) Durch kontrollierte Begattung der Jungköniginnen können Sozietäten mit ausschließlich gleich alten Königinnen bekannten Alters etabliert werden (Petersen u. Buschinger, 1971).

e) Die Pharaoameise kann als Tropentier unter konstanten Umweltbedingungen frei von Jahreszeiteinflüssen gehalten werden.

f) Die kurze Lebensdauer der Königinnen (3 bis 4 Monate) ermöglicht die Untersuchung von Einflüssen des Alters auf ihre trophallaktische Funktion innerhalb akzeptabler Versuchszeiträume.

g) Durch die Lebensdauer der Königinnen werden zyklische Erscheinungen in den Völkern induziert, die sich etwa alle 3 Monate wiederholen (Geschlechtstieraufzucht, Kopula, starke Eiablage, Arbeiterinnenaufzucht, Geschlechtstieraufzucht, .....). Ein Zyklus entspricht in etwa einem Jahreszyklus bei normalen Ameisen in unseren Breiten, umfaßt aber anders als bei diesen nahezu die gesamte Lebensdauer der Königinnen.

Zur Lösung der genannten Probleme war es erforderlich, eine Methode zur Trennung von Futtersubstanzen aus dem Kropf und aus den Futtersaftdrüsen der Arbeiterinnen zu entwickeln. Ferner mußte eine Möglichkeit gefunden werden, den Futterstrom zum Nest kontinuierlich zu registrieren. Parallel zu diesen mit Unterstützung des Landesamtes für Forschung des Landes Nordrhein-Westfalen an M. pharaonis durchgeführten Arbeiten konnte einer von uns (W. Kloft) während eines Gastforschungsaufenthaltes an der University of Florida in Gainesville im Jahre 1972 Teilaspekte dieses Problems an der eingeschleppten Feuerameise Solenopsis invicta Buren bearbeiten und dabei frühere Befunde sowie die hier vorgelegten Ergebnisse an M. pharaonis bestätigen. Die Bearbeitung gerade dieser Art ist deshalb von besonderem Interesse, weil die "imported fire ant" für die Süd- und Südost-Staaten der USA eine enorm bedeutsame Schädlingsplage darstellt. Auf Ergebnisse dieser Arbeiten (W. Kloft u. E.G. Farnworth; E.G. Farnworth u. W. Kloft; A.W. Banks u. W. Kloft, alle in Vorbereitung 1972) wird an verschiedenen Stellen dieses Berichts verwiesen.

Methodik

a) Haltung und Zucht der Pharaoameise Monomorium pharaonis.

Die Dauerzucht der Pharaoameise wurde von Buschinger und Petersen (1971) eingehend beschrieben. Somit ist hier die Beschränkung auf eine kurze Zusammenfassung und auf inzwischen erfolgte Verbesserungen möglich.

Das Ausgangsmaterial unserer nun seit September 1968 kontinuierlich betriebenen Zucht stammt aus einem Heizungskeller in Bergnassau-Scheuern/Lahn. Als Zuchtbehälter finden glasklar transparente Kunststoffkästen Verwendung, die in Haushaltgeschäften für Lebensmittelaufbewahrung im Kühlschrank angeboten werden. Die Abmessungen der Zuchtbehälter betragen 22 x 22 x 8 cm, für Versuchsvölker werden kleinere im Format 20 x 10 x 7 cm oder 10 x 10 x 6 cm benötigt. Um dem Raumbedarf der

Pharaoameisenvölker Genüge zu tun, werden zwei der Behälter ineinandergestellt (vgl. Abb. 2) und entlang der Berührungslinie verschweißt. Die Bedienungsöffnungen, Lüftungsgitter etc. sind Abb. 2 zu entnehmen. In die Zuchtbehälter werden 3 bis 5 kleinere Kammern (7,5 x 4 x 3 cm) eingestellt, in die gefaltete Papierstücke als Unterschlupf für die Ameisen gelegt werden. Sämtliche Kammern sind ca. 1 cm hoch mit Gips ausgegossen, der bei Bedarf angefeuchtet werden kann. Gegen Pilzbefall wird dem hierzu verwendeten Wasser Chinosol$^R$ (1g/l) zugesetzt. Die Behälter werden im Thermostaten bei 28°C bzw. in einem Zuchtraum mit 28 ± 3°C untergebracht.

Besonders wichtig ist die absolute Sicherung der Behälter gegen das Entkommen der Tiere. Die Zucht- und Versuchsbehälter werden hierzu inseitig am oberen Rand etwa 3 bis 4 cm breit mit Paraffinöl (techn.) bestrichen. In die Deckelfuge wird Vaseline gestrichen. Alle Behälter stehen schließlich in Wannen, deren Boden 5 bis 10 mm hoch mit Paraffinöl bedeckt ist. Futterreste, in denen sich größere Gruppen von Ameisen aufhalten können, werden in heißes, mit einem Detergens versetztes Wasser geworfen. Mit diesen Vorkehrungen gelang es uns bisher das Entkommen der Tiere zuverlässig zu verhindern. Es sei hier auf eine Arbeit von Kretzschmar (1971) verwiesen, der anstelle des Paraffinölbelages an der Innenwand der Zuchtbehälter Raupenleim empfiehlt. Wir haben dieses Verfahren für große Teile unserer Zucht übernommen. Der verwendete Raupenleim ("Brunonia", Fa. Schacht, Braunschweig) wird möglichst gleichmäßig etwa 1 mm dick und 3 bis 4 cm breit aufgetragen. Es ist ratsam, die Tiere erst etwa 24 h später einzusetzen, da andernfalls durch flüchtige Substanzen aus dem Leim Verluste auftreten können. Der Raupenleimbelag bleibt bis zu 6 Wochen wirksam (Paraffinöl 2 bis 3 Wochen) und kann durch einfaches Überstreichen mit dem Finger aufgefrischt werden, ohne daß erneutes Auftragen notwendig wäre.

Als Nahrung werden Honig (mit Wasser 1 : 1 verdünnt und mit 1g/l Chinosol gegen Vergären versetzt), zerschnittene Puppen von Tenebrio molitor, Schaben (Periplaneta americana) und Rindfleisch geboten. Wechsel des Futters ist alle 2 Tage erforderlich, in Zeiten starker Brutaufzucht täglich zu empfehlen. Auch Trinkwasser wird stets in Uhrgläsern (20 mm Durchmesser) bereitgestellt. Von besonderer Bedeutung ist die Kontrolle der Populationsdichte in den Zuchtnestern, da rasch Überbevölkerung auftreten kann. Für experimentelle Zwecke wird der Reproduktionszyklus auf einfache Weise gesteuert: Entweiselt man ein Volk, das in den vergangenen 6 Wochen keine Geschlechtstierbrut aufgezogen hatte, so erzeugen die Arbeiterinnen aus der verbliebenen Brut sofort Männchen und Weibchen. Separiert man die Geschlechtstierpuppen mit einigen Arbeiterinnen, so können die Jungweibchen eines Schlüpfdatums unter Beobachtung begattet werden (Petersen u. Buschinger, 1971). Ihre Anweiselung in Arbeiterinnengruppen vor allem aus dem Mutternest gelingt in der Regel reibungslos. Auf diese Weise ist es möglich, Völker mit einer Anzahl (bis ca. 200) Königinnen bekannten und gleichen Alters zu erhalten. Solche Völker produzieren zunächst Arbeiterinnen in geometrisch wachsender Zahl, etwa 3 Monate nach Begattung der Königinnen tritt dann die nächste Geschlechtstierbrut auf.

## b) Radioisotopentechnik zur Trennung von Kropf- und Drüsenfutter

Die Markierung von verschiedenen Futtersubstanzen - besonders wurde zwischen Kohlenhydrat- und Proteinnahrung differenziert - wurde zunächst wie in vielen anderen Arbeiten (z.B. Gößwald,u. Kloft, 1960, Kneitz, 1963, Lange, 1967, Markin, 1970) mit dem universell verwendbaren, jederzeit erhältlichen und für die Versuchstiere in den verwendeten Konzentrationen unschädlichen Phosphor-32 (als Orthophosphat in isotonischer Lösung, Amersham-Buchler PBS 2) vorgenommen. Honiglösung wurde mit 0,1-0,5 mCi/ml versetzt. Als Proteinquelle dienten Puppen von Tenebrio molitor, die nach Injektion von 0,1-0,2 mCi $^{32}$P-Lösung bei ca. 3°C bis 2 Wochen lang lebend gelagert werden können. Vor Verfütterung wurden die Puppen durchgeschnitten.

$^{32}$P wird in der gebotenen Form von den Ameisen mit dem Rohfutter untereinander weiterverfüttert, es wird im Darm resorbiert, in alle Gewebe eingelagert und auch mit den Drüsensekreten wieder abgegeben.

Zur Trennung von Kropfinhalt und den mit $^{32}$P-markierten Drüsensekreten mußte nun eine zweite Markierung gefunden werden, die im Darm nicht resorbiert und damit nicht in die Sekrete eingebaut werden kann. Nach einer Reihe von Vorversuchen erwiesen sich zwei Radioisotope als geeignet: $^{198}$Au kann als kolloidale Suspension von metallischem Gold, mit Gelatine und Na-citrat stabilisiert (Amersham-Buchler GCS4) in derselben Weise verwendet werden wie $^{32}$P. Eine Resorption im Darm ist ausgeschlossen. In Futterverteilungsversuchen werden mit $^{198}$Au-markierte Honiglösung oder markierter Inhalt von Mehlkäferpuppen normal weitergegeben (vgl. Chauvin, Courtois u. Lecomte, 1961, Chauvin u. Lecomte, 1964). Nachteilig ist die im Vergleich zu $^{32}$P sehr kurze Halbwertszeit von nur 2,7 d ($^{32}$P : 14,3 d), die sich bei mehrtägigen Versuchen störend bemerkbar machen kann.

Als sehr geeignet erwies sich dagegen Praseodymium-143 als Chlorid in HCl (Amersham-Buchler PGS 1) mit einer Halbwertszeit von 13,8 d. Die Lösung wurde zunächst mit NaOH auf pH 4,5 eingestellt. Mit Honigwasser versetzt ergab sich ca. pH 5, ein Wert, der dem im normalerweise gebotenen Honigwasser entspricht. Vor Injektion des $^{143}$Pr in Mehlkäferpuppen wurde die Lösung ebenfalls mit NaOH auf pH 4,5 gebracht. Toxische Wirkungen oder ein Repellent-Effekt waren in Vorversuchen nicht zu beobachten. Das Isotop wurde wie $^{198}$Au mit dem Kropfinhalt verfüttert und war wie dieses nach Herauspräparieren des Darmtraktes im Restorganismus der Ameisen nicht nachweisbar. Als Beispiel sei das Ergebnis eines Vorversuches mit Waldameisen (Formica polyctena Foerst.) genannt. Drei Tage nach Aufnahme von $^{143}$Pr-markiertem Honig wiesen die Organe zweier präparierter Tiere folgende Werte auf:

| Organ | Imp./100" Tier 1 | Tier 2 |
|---|---|---|
| Gesamttier | 16820 | 41610 |
| Kopf | 260 | 310 |
| Hämolymphprobe | 10 | 20 |
| Thorax | 20 | 20 |
| Kropf | 32810 | 95560 |
| Mitteldarm | 36550 | 88880 |
| Rectum | 150 | 810 |

Trotz starker Markierung auch im verdauenden Teil des Darmtraktes sind Hämolymphe und die übrigen Körperteile praktisch frei von Radioaktivität. Bei den schwerer präparierbaren, weil kleineren Pharaoameisen befindet sich praktisch die gesamte Aktivität im Gaster (er enthält Kropf und Mitteldarm), während Kopf und Thorax mit den Futtersaftdrüsen frei von Aktivität sind.

Zum Nachweis der Verfütterung von Kropfinhalt oder Drüsensekreten an die Königinnen wurden jeweils Parallelversuche mit zwei Teilvölkern angesetzt, die aus demselben Stammvolk mit Königinnen bekannten und gleichen Alters entnommen worden waren. Die Teilvölker enthielten jeweils 8 Königinnen, ca. 200 bis 600 Arbeiterinnen und einen Anteil Brut (Eier, Larven, Puppen), so daß die Zahlenverhältnisse denen im Stammvolk entsprachen. Sie wurden 1 Tag vor Versuchsbeginn in Plastikbehältern der Abmessungen 20 x 10 x 7 cm angesetzt. Die Einrichtung des Versuchsbehälters ist in Abb. 3 dargestellt. Die Tiere gruppierten sich innerhalb von knapp 2 Stunden unter dem Papierunterschlupf und nahmen offenbar schon nach dieser kurzen Zeit den normalen Nestbetrieb wieder auf. Seitlich wurde an das Nest ein GM-Detektor herangebracht, dessen Meßwerte mittels Einlinienschreiber direkt registriert wurden. Diagonal entgegengesetzt zum Nest wurde das radioaktive Futter hinter einer Bleiabschirmung geboten. Futter wurde in normaler Form während der gesamten Versuchsvorbereitungen geboten, zu Versuchsbeginn wurde entweder das Honigwasser oder die Proteinnahrung gegen die entsprechende radioaktive Futtersubstanz ausgetauscht. 24 Stunden nach Eintragebeginn wurde das aktive Futter wieder durch inaktives ersetzt. Der normale Futterstrom wurde also nie entscheidend unterbrochen (vgl. Markin, 1970: Versuchsansätze mit Iridomyrmex humilis, die jeweils 4 Tage vor Versuchsbeginn ohne Nahrung gehalten wurden!).

Aus dem Schreiberprotokoll lassen sich der Beginn des Eintragens radioaktiven Futters sowie Intensitätsschwankungen in der Eintragetätigkeit sehr gut ablesen. Die Versuche müssen jedoch bei schwacher Beleuchtung (15 W Glühlampe, 30 cm über dem Nest) durchgeführt werden, da die Tiere in völligem Dunkel sich nicht an der vorgesehenen Stelle konzentrieren, sondern Teilnestchen unter den Futternäpfen oder an der Bleiabschirmung anlegen.

Die Beurteilung der Nahrungsaufnahme durch die Königinnen erfolgte durch Lebendmessung der einzelnen Tiere in 2 bis 4 h, bei längerer Versuchsdauer in 12 bis 24 h Abstand. Nach Herausnehmen und Messen, das in der Regel nicht länger als 15 min dauerte, wurden die Königinnen direkt auf den Unterschlupf im Versuchsbehälter zurückgegeben. Sie liefen augenblicklich darunter und in das Versuchsvolk hinein. Wir konnten keine Störung des sozialen Gefüges durch diese Eingriffe feststellen.

Zur Lebendmessung wurden die Tiere in kleine Kammern aus einem Al-Plättchen, einem PVC-Schlauchring und darübergezogener Parafilm$^R$-Folie gesetzt (Abb. 4). Die Messung erfolgte mittels GM-Zählrohr in einem Probenwechsler-Meßplatz (PHILIPS) über jeweils 100".

Die Futterverteilung unter Arbeiterinnen und Larven der Versuchsvölker zu verschiedenen Zeiten nach Eintragebeginn wurde jeweils durch Messung von 20 Arbeiterinnen und 5 bis 10 Larven kontrolliert. Hier war eine

Lebendmessung aufgrund der großen Zahl der Versuchstiere nicht immer notwendig: Die Entnahme von 4 bis 6 mal 20 Arbeiterinnen im Verlauf von 2 bis 3 Tagen ist bei insgesamt 4 bis 600 Tieren belanglos. Zu Beginn des Brutzyklus, wenn die Versuchsvölker nur ca. 200 Arbeiterinnen enthielten, mußten die Arbeiterinnen wie die Weibchen in den beschriebenen Meßkammern lebend gemessen und dann zurückgesetzt werden. Die jeweils gleichzeitig mit den Königinnen aus dem Nest entnommenen Arbeiterinnen wurden zum Zweck der Totmessung auf einem Al-Meßplättchen in einem vorher dort aufgetragenen Paraffinöltröpfchen ertränkt und in dem Tröpfchen, das gleichzeitig das Festhaften auf dem Meßplättchen garantiert, im Probenwechsler gemessen. Sie wurden anschließend verworfen.

Eine Dekontamination der Versuchstiere, also ein Reinigen von äußerlich anhaftender Aktivität, erwies sich als unnötig. Die Nahrungsaufnahme am Futter selbst und auch die Weitergabe von Mund zu Mund gehen praktisch kontaminationsfrei vor sich.

Die Bewertung der Meßergebnisse:

Aufgrund der Verwendung der relativ weichen β-Strahler $^{32}$P und $^{143}$Pr als Tracer ergeben sich einige Probleme bei der Beurteilung der einzelnen Meßwerte. Aus früheren Arbeiten (Kloft, 1959) ist bekannt, daß die Ausbeute bei der Messung von β-Strahlung im Insektenorganismus in weitem Bereich variiert, wobei die Meßergebnisse nur schwer exakt reproduzierbar werden. Besondere Probleme wirft darüber hinaus die Lebendmessung auf, da durch die Bewegung des Tieres in der Meßkammer die Meßgeometrie, die Abschirmung und der Rückstreueffekt in nicht kontrollierbarer Weise verändert werden. Ein Festlegen der Tiere ohne die Gefahr der Beschädigung war uns nicht möglich. Abb. 5 zeigt das Ergebnis eines Versuchs zur Abschätzung der maximalen Meßfehler bei Lebendmessung einer Pharaoameisenkönigin. Die Methode kann aufgrund dieser Meßfehler nur als semiquantitativ bezeichnet werden. Auch bei der Messung toter Individuen können relativ große Unterschiede in der Zählausbeute auftreten, je nachdem ob der Tracer noch konzentriert im Kropf der Ameise vorliegt (Abschirmung durch Kropfwand, Körpergewebe, Cuticula), oder schon in die Körpergewebe aufgenommen ist (Abschirmung zum Teil nur noch durch Cuticula). Eine Rückrechnung von gezählten Impulsen auf Nahrungsquantitäten ist also in keinem Fall möglich, zumal bei der Futteraufnahme und -verteilung auch eine Verdünnung der aufgenommenen markierten Substanz mit schon im Darmtrakt vorhandener Nahrung zu erwarten ist. Korrekturen der Meßwerte durch Abzug des O-Effekts und Berücksichtigung der Halbwertszeit wurden daher nur vorgenommen, wo es zweckmäßig erschien (besonders $^{198}$Au).

Für die Beantwortung der genannten Fragestellungen ist allerdings eine qualitative oder semiquantitative Aussage über Aufnahme von Nahrung vielfach schon ausreichend. Trotz der Fehler der Einzelmeßwerte werden Tendenzen und Verläufe klar erkennbar, die Meßergebnisse bleiben bei mehrfacher Wiederholung stets in der gleichen Größenordnung.

Ergebnisse

a) Der Nahrungstransport

In den nachfolgend beschriebenen Experimenten wurde zunächst orientierend das Verhalten der Pharaoameisenarbeiterin gegenüber verschiedenen Futterarten untersucht, um darauf aufbauend die Rolle der Königin darstellen zu können.

Durch direkte Beobachtung kann die Aufnahme von zuckerhaltigen Lösungen, in unseren Versuchen Honigwasser, beobachtet werden. Bei relativen Luftfeuchtigkeiten unter 90 % wird auch reines Leitungswasser aufgenommen. Der Transport dieser flüssigen Substanzen erfolgt im Kropf. Wird mit einem Tracer markiertes Futter dieser Art oder Wasser geboten, läßt sich dies einfach nachweisen. Vom Futter zum Nest laufende Arbeiterinnen werden abgefangen, im Bereich des Hinterleibsstielchens durchgeschnitten und die beiden Teile, Kopf mit Thorax und der den Kropf enthaltende Gaster einzeln gemessen. In den wenigen Sekunden nach der Nahrungsaufnahme befindet sich das gesamte Material im Kropf, eine Resorption und Verteilung in die Hämolymphe und Gewebe von Kopf und Thorax hat noch nicht stattgefunden. Der Gaster weist entsprechend der Markierung hohe Radioaktivität auf, im Restkörper sind nur Spuren nachweisbar, die von der Kontamination der Mundwerkzeuge und des Oesophagus herrühren. Mit demselben Versuch läßt sich auch nachweisen, daß die Nahrungsaufnahme praktisch ohne äußere Kontamination erfolgt.

Feste Fleischnahrung, Insekten (Mehlkäferpuppen) oder Rindfleisch, wird deutlich sichtbar in Form kleiner, würfelförmiger Partikel zwischen den Mandibeln eingetragen. Die Bröckchen finden sich bei Nahrungsüberangebot nicht selten in Form kleiner Anhäufungen in der Nähe der Nester (sehr ähnlich ist das Verhalten von Solenopsis invicta). Wir markierten solche Futterhäufchen durch vorsichtiges Tränken mit $^{32}P$-Lösung und konnten damit die Wiederverwendung dieser Partikel als Nahrung direkt beweisen: Die Arbeiterinnen und Larven des Versuchsvolkes waren nach 24 Stunden stark radioaktiv.

Weiterhin wurde durch die oben beschriebene Methode des Zerschneidens transportierender Arbeiterinnen festgestellt, daß auch von markierter Fleischnahrung flüssige Bestandteile im Kropf befördert werden. Dieselben Arbeiterinnen tragen gleichzeitig feste Fleischpartikel in den Mandibeln ein. Einige Meßwerte mögen dies verdeutlichen (Tab. 1).

Tab. 1: Eintragen von Material aus einer $^{32}P$-markierten Mehlkäferpuppe im Kropf von Monomorium-Arbeiterinnen

| Arb. Nr. | Kopf und Thorax | Gaster |
|---|---|---|
| | (Imp./100 sek., 0-Wert von 10 Imp./100 sek. abgezogen | |
| 1 | 98 | 1110 |
| 2 | 54 | 413 |
| 3 | 23 | 171 |
| 4 | 172 | 2045 |
| 5 | 77 | 4546 |
| 6 | 160 | 11549 |

Tiere mit Nahrungspartikeln zwischen den Mandibeln wurden auf dem Weg zum Nest abgefangen, im Petiolus durchgeschnitten und die beiden Teile (ohne Futterpartikel) gemessen.

Auffällig ist bei diesen Werten die äußerst geringe Kontamination im Kopf-Thorax-Bereich (mit Oesophagus!) selbst nach Aufnahme erheblicher Mengen radioaktiven Futters in den Kropf (Tiere 5 und 6).

Bei der Pharaoameise erfolgt also der Transport von flüssiger Nahrung im Kropf, von fester Nahrung werden Partikel zwischen den Mandibeln, gewisse Bestandteile (flüssige oder mit Speichel herausgelöste?) jedoch auch im Kropf zum Nest befördert.

Auch Waldameisen (Gößwald u. Kloft, 1956) transportieren Teile ihrer Insektennahrung flüssig oder halbflüssig im Kropf zum Nest.

Zur Abschätzung des zeitlichen Verlaufs der Futterverteilung im Nest mußte nun geklärt werden, ob frisch zugegebene Nahrung sofort angenommen wird bzw. zu welchem Zeitpunkt nach Zugabe des markierten Futters mit einem Eintragen in das Nest gerechnet werden kann. Hungrige Arbeiterinnen oder Tiere aus Völkern, die Mangel an einem bestimmten Nahrungsbestandteil (z.B. Zucker) haben, beginnen, wie man leicht beobachten kann, unmittelbar mit der Nahrungsaufnahme. In unseren Versuchen wurde jedoch grundsätzlich mit Völkern gearbeitet, die mit allen erforderlichen Nahrungssubstanzen kontinuierlich versorgt waren.

Der Ansatz der einschlägigen Versuche ist im Kapitel "Methodik" eingehend beschrieben. Das Eintragen des radioaktiven Futters wurde am Nest mittels GM-Detektor verfolgt und auf einem Schreiber kontinuierlich registriert.

Bei Honigwasser liegt der Eintragebeginn (EB) meist nur 30 bis 50 min. nach der Zugabe des Futters (42,5 min. im Mittel von 18 Versuchen, Extreme 5 min. und 120 min., höhere Werte deuteten stets Störungen im Versuchsansatz an). Insektennahrung, wie zerschnittene Schaben oder Mehlkäferpuppen, wird viel langsamer angegangen. Hier wurden Werte von 131 min. (Mittel aus 12 Versuchen, Extreme 40 min. und 210 min.) registriert. Dies gilt jedoch nur für frisch zerschnittene Mehlkäferpuppen. Läßt man diese etwa 2 h lang antrocknen, wird der Eintragebeginn etwa ähnlich dem bei Honigfütterung (37 min., Mittel aus 5 Versuchen), verhindert man das Antrocknen durch Lagern der zerschnittenen Puppe über 2 h in einer feuchten Kammer, so beginnen die Ameisen wieder erst etwa 2 h nach Zugabe daran zu fressen. In allen Versuchen müssen also die Futterqualität und -vorbehandlung möglichst gleich sein. Das Eintragen muß dennoch kontrolliert werden, da offenbar verschiedenste Einflüsse darauf wirksam werden.

Ist eine Nahrungsquelle von den Ameisen akzeptiert, so wird zunächst mehr oder weniger kontinuierlich Material davon abtransportiert und ins Nest, zur Brut und den Innendiensttieren gebracht. Häufig zeigt sich jedoch nach mehreren Stunden eine Abnahme der Eintrageintensität: Die Zählausbeute am Nest wird konstant oder fällt leicht ab. Die Ursache dafür sind, vor allem bei Verfütterung von Insektennahrung, Alterungsprozesse. Zugabe frischer, aber sonst gleicher Nahrung führt zu erneuter, starker Eintragetätigkeit. Honigwasser wird in der Regel bis etwa 24 h lang eingetragen, danach wird es oft ganz verweigert. Auch hier handelt es sich nicht um eine Sättigung des Bedarfs, sondern eher um ein Altern der Futterlösung durch bakterielle Zersetzung (sie tritt trotz der beschriebenen Zugabe von Chinosol etwa nach 24 h ein).

b) Die Futterverteilung im Nest
---

Zur Bewertung der Beteiligung der Königinnen am sozialen Nahrungshaushalt mußte zunächst geklärt werden, wie weit im Nest das eingetragene Futter an andere Arbeiterinnen verteilt wird. Im Extremfall könnte eingetragenes Futter direkt und ausschließlich an Weibchen und Brut abgegeben werden, alle Arbeiterinnen wären dann Selbstversorger. Die üblichen Ansätze, Zugabe einiger Arbeiterinnen mit radioaktivem Futter im Kropf zu einer Anzahl hungriger Arbeiterinnen, vermögen im Vergleich zwischen verschiedenen Arten relevante Werte über die Verteilungsbereitschaft und -kapazität etc. unter den gewählten Versuchsbedingungen zu liefern. Aufschluß über die im kompletten Volk wirklich stattfindende Verteilung geben sie jedoch nur bedingt. Wir führten zuerst eine Anzahl von Experimenten der eben genannten Art durch.

Wie bei den Versuchen anderer Autoren verwendeten wir hierzu hungrige Arbeiterinnen (12 bis 16 h ohne Nahrung), da andernfalls Arbeiterinnengruppen, in denen die Endabnehmer (Larven, Königinnen, evtl. Innendiensttiere) fehlten, infolge gefüllter Kröpfe kaum Nahrung aufnahmen oder verteilten.

$^{32}$P-markiertes Honigwasser wurde in diesen Versuchen innerhalb von 6 h bei 30°C von allen Arbeiterinnen direkt (oder über Weiterfütterung in der Gruppe indirekt) aufgenommen. Alle Tiere wiesen bei Lebendmessung Impulsraten auf, die in der gleichen Größenordnung lagen (Futter mit ca. 0,1 mCi/ml $^{32}$P, Meßwerte in der gewählten Meßanordnung bei 2500-7000 Imp./100 sek.). Nach Zugabe von jeweils 5 dieser "Gebertiere" zu 30 hungrigen Arbeiterinnen (12 h ohne Nahrung, aber mit Trinkwasser!) wurden nach einer Verteilungszeit von 3 h bei 30°C alle Versuchstiere der Gruppe einzeln auf dem Meßplättchen in Paraffinöl ertränkt und gemessen. Damit wurde verhindert, daß beim Abtöten etwa regurgitierter Kropfinhalt andere Tiere kontaminierte oder der Messung verloren ging.

Unter den genannten Bedingungen war im Mittel an 70 % der hungrigen Tiere Nahrung abgegeben worden, d.h. auf jede "Geberin" entfielen 4 bis 5 Abnehmerinnen, sei es direkt oder mittelbar über eine von der Geberin direkt gefütterte Arbeiterin. In einzelnen Versuchen kam es bei 30°C auch zu einer Verteilung an alle hungrigen Versuchstiere. Doch auch in diesem Fall variieren die Meßwerte sehr erheblich. Von Impulsraten knapp über dem 0-Wert (ca. 40 Imp./100 sek. über 0-Wert) bis zu solchen im Bereich der Gebertiere (3 bis 4000, Gebertiere 4 bis 7000) waren alle Abstufungen vertreten.

Einzelne "Abnehmer" bekommen also nennenswerte Mengen von Futter, die etwa 1/3 der Kropffüllung entsprechen, andere erhalten nur geringe Bruchteile von 1 bis 2 % einer Kropffüllung. Diese Werte dürften

Fütterungskontakten entsprechen, die aus irgendwelchen Gründen rasch wieder abgebrochen wurden. Die Temperaturabhängigkeit der Futterverteilung ist in Tab. 2 dargestellt.

Tab. 2: Prozentsatz gefütterter Abnehmertiere 3 h nach Zusetzen von 5 radioaktiv gefütterten zu 30 hungrigen Arbeiterinnen bei verschiedenen Temperaturen (Mittel aus je 4 Versuchen)

| °C | 20 | 25 | 30 | 35 |
|---|---|---|---|---|
| % Gefütt. | 14 | 25,5 | 73 | 80 |

Es zeigt sich eindeutig, daß bei höheren Temperaturen die Verteilung vollständiger erfolgt. Bei 35°C ist die Futterweitergabe zwar besser als bei 30°C, doch tritt bei der höheren Temperatur eine viel größere Mortalität auf, so daß wir vorzogen, die weiteren Versuche bei 28 bis 30°C durchzuführen. Bei 30°C konnten wir wiederholt unter den oben genannten Bedingungen Verteilungen auf 100 % der Versuchstiere beobachten, was bei 35°C nicht der Fall war.

Die relativ geringe Zahl der Tiere, an die von einer Spenderin innerhalb von 3 Stunden Futter übertragen wurde (bei 30°C 4,4 Tiere) und die sehr großen Unterschiede in den jeweils übergebenen Mengen zeigen, daß die Pharaoameise im Vergleich zu anderen Ameisen ein "schlechter" Futterverteiler ist. So blieben in einem Versuch mit Formica polyctena bei 22°C 4 h nach Zugabe einer radioaktiv gefütterten Arbeiterin zu 50 hungrigen Arbeiterinnen nur 3 Tiere ungefüttert (Gößwald u. Kloft, 1960). Ähnlich geringe Futterverteilungstendenz wie bei Monomorium fanden Gößwald und Kloft (1960) jedoch bei Solenopsis fugax, die mit Monomorium dem Tribus Solenopsidini angehört.

Eine Gleichverteilung des Futters unter den Arbeiterinnen, wie sie Gößwald und Kloft (1960) für Formica polyctena beschrieben, war bei Pharaoameisen in Arbeiterinnengruppen auch nach 24 und 48 h nicht zu beobachten. Hingegen wiesen nach Verfütterung radioaktiven Honigs an komplette Völker die einzelnen Arbeiterinnen nach 24 h überraschend ähnliche Meßwerte auf, waren also alle in fast gleichem Maße an dem Futter beteiligt worden.

Die Beteiligung an $^{32}$P-markierter Proteinnahrung ist dagegen weniger gleichförmig. Hier scheint, auch nach den Versuchen mit $^{143}$Pr zu urteilen, der Futterstrom mehr direkt zu den Larven, zum Teil auch zu den Königinnen gerichtet zu sein, ohne daß alle Arbeiterinnen an dem Futter beteiligt werden. Vergleichsmessungen ergaben folgende Werte:

Nach Verfütterung von $^{32}$P-markiertem Honig an komplette Völker waren nach 4 h 70 %, nach 24 h 100 % der stichprobenweise gemessenen Arbeiterinnen radioaktiv, bei $^{32}$P-markierter Proteinnahrung wiesen nach 4 h nur 20 %, nach 24 h 90 % der gemessenen Tiere Impulsraten über dem 0-Wert auf. Interessant ist darüber hinaus, daß die Meßwerte bei Proteinfutter innerhalb einer Stichprobe wesentlich weiter streuen als bei Honigfutter. Die Streuung $\sigma$, ausgedrückt in % des Mittelwertes von je 20 radioaktiven Arbeiterinnen, betrug bei Honigfütterung nach 4 h 20,3 %, nach 24 h 6,2 %, bei Proteinfütterung nach 4 h 27,6 %, nach 24 h noch immer 23,7 %.

Wurden Arbeiterinnen mit radioaktivem Honig ($^{32}$P), danach mit inaktivem Honig über 12 h weitergefüttert und anschließend zu hungrigen Arbeiterinnen gesetzt, so war in 5 von 8 Versuchen keine Weitergabe von Aktivität an diese zu beobachten, in weiteren 3 Versuchen wurde nur an wenige der hungrigen Tiere radioaktives Futter abgegeben. Vermutlich hatten die meisten "Geberinnen" das $^{32}$P schon resorbiert und konnten somit nur den später in den Kropf aufgenommenen, nicht aktiven Honig regurgitieren. Etwa schon radioaktive Drüsensekrete werden nicht oder kaum an Arbeiterinnen verfüttert. Damit ist die selektive Abgabe von Drüsen- und Kropffutter auch für die Pharaoameise sehr wahrscheinlich gemacht.

Es ist aus diesen Versuchen zu schließen, daß Störungen der normalen Zusammensetzung der Sozietät, wie sie in Versuchen mit reinen Arbeiterinnengruppen ja gegeben sind, sich unter Umständen auf das Futterverteilungsverhalten sehr stark auswirken können.

Kurz zusammengefaßt ist das Ergebnis dieses Abschnittes folgendes: Die Pharaoameise verteilt Kropfinhalt an Nestgefährten in Arbeiterinnengruppen relativ langsam, in intakten Völkern werden dennoch fast alle Arbeiterinnen rasch an eingetragenem Futter beteiligt. Kohlenhydratfutter wird dabei rascher und gleichmäßiger verteilt als Proteinnahrung. Als brauchbare Versuchstemperatur wurden 30°C ermittelt.

c) Die Beteiligung der Königinnen am sozialen Nahrungshaushalt

Aufgrund der im vorigen Abschnitt dargestellten Erfahrungen wurden Versuche zur Beteiligung der Königinnen am Nahrungshaushalt nach einer Anzahl anders ausgelegter Vorversuche nur noch mit kompletten Völkern durchgeführt. Sie enthielten Königinnen, Arbeiterinnen und Brut möglichst im normalen Zahlenverhältnis zueinander.

In Experimenten, die zunächst ohne Rücksicht auf den Brutzyklus der Völker angesetzt wurden (vgl. Abschnitt d), trat das oben schon genannte Phänomen immer wieder auf: Noch mehrere Stunden nach Beginn des Eintragens radioaktiven Futters ($^{32}$P) in das Nest waren die Königinnen nicht radioaktiv. Ein Beispiel für Fütterung mit einer radioaktiven Mehlkäferpuppe ($^{32}$P) möge dies verdeutlichen (Abb. 7).

Die Verzögerung in der Beteiligung der Königinnen beträgt für $^{32}$P-markiertes Honigwasser in der Regel etwa 6 bis 10, meist 8 h, für markierte Proteinnahrung etwa 8 bis 12, meist 10 h. Die Ungenauigkeit dieser Werte kommt dadurch zustande, daß in jedem Versuch einzelne Weibchen früher, andere später radioaktiv werden. Bei der stets nach Abschluß der Versuche vorgenommenen Präparation der Königinnen konnten jedoch keine Unterschiede etwa in der Ausbildung der Ovarien gefunden werden. Ob physiologische Unterschiede für diese Streuung verantwortlich sind, kann daher bezweifelt werden.

Im Vergleich zu den früher bei Formica gefundenen Werten (Gößwald u. Kloft, 1960) sowie bei Iridomyrmex (Markin, 1970) von jeweils 24 h hat die Pharaoameise also offenbar eine höhere Stoffwechselgeschwindigkeit, die allerdings durch die höhere Versuchstemperatur (22°C bei Formica und Iridomyrmex, 30°C bei Monomorium) mit bedingt sein dürfte. Daß allerdings die Temperatur allein nicht entscheidend sein kann, zeigen unsere mit Solenopsis invicta bei 30 bis 32°C durchgeführten Versuche. Hier betrug die Latenzzeit ca. 30 h. Allerdings waren die (in voller Eiablage befindlichen) Königinnen aus dem Nestverband entnommen und mit Gruppen von Arbeiterinnen zusammengesetzt worden.

Der Gegenversuch, Zugabe nicht radioaktiver Königinnen zu einem Volk, das etwa 8 h vorher 1 h lang radioaktives Futter eingetragen hatte, danach inaktiv weitergefüttert wurde, erwies eindeutig, daß die oben aufgeführte Interpretation richtig ist. Innerhalb der 8 h ist das $^{32}P$ in die für Königinnen bestimmten Sekrete eingebaut und wird direkt an diese übergeben. Hungereffekte wurden bei diesem Versuch dadurch ausgeschaltet, daß die Königinnen aus einem nicht radioaktiven, aber mit Futter wohl versorgten Volksteil in den radioaktiven umgesetzt wurden.

Die Radioaktivität der Weibchen ist zunächst schwach und steigt im Verlauf von 2 bis 3 Tagen allmählich, bis sie wesentlich höher wird als die der Arbeiterinnen. Auch dieser Befund steht in Übereinstimmung mit den früher bei anderen Ameisenarten und jetzt auch mit S. invicta gemachten Erfahrungen.

Abgabe radioaktiven Futters durch Königinnen an Arbeiterinnen oder Larven konnte in 20 Versuchen niemals beobachtet werden. Dies gilt jedoch nur für fertile, ältere Königinnen. In der Koloniegründungsphase sind begattete Jungweibchen sehr wohl in der Lage, ihre Brut mit Regurgitat sowie eingetragener fester Nahrung zu versorgen, wenn sie ohne Arbeiterinnen gehalten werden. In der intakten Sozietät mit Arbeiterinnen (die Koloniegründung erfolgt in der Regel nicht solitär) weisen auch Jungweibchen nur geringe Tendenzen zur Futterverteilung auf. In mehreren Versuchen konnte gezeigt werden, daß begattete Jungweibchen untereinander $^{32}P$-markierten Honig verteilen, jedoch in sehr geringen Quantitäten. Dieses Verhalten scheint keine große Bedeutung für die Sozietät zu haben.

Insgesamt dürfte nach den vorstehend beschriebenen Versuchen die Pharaoameisenkönigin unter normalen Bedingungen, in der Zeit der Eiablage, als Verbraucher der von Arbeiterinnen bereitgestellten Drüsensekrete fungieren. Aufnahme von "Rohfutter" sowie Abgabe nennenswerter Futtermengen an Arbeiterinnen, Brut und andere Königinnen sind nicht nachweisbar.

### d) Stellung der Königin im sozialen Nahrungshaushalt während eines gesamten Brutzyklus

Das letzte der einleitend genannten Probleme war die Frage, ob die Funktion der Königin im sozialen Nahrungshaushalt stets gleich bleibt oder etwa Änderungen unterliegt.

In Abschnitt 2 b wurde beschrieben, mit welcher Methodik über einen Brutzyklus hinweg in parallelen Versuchen die Versorgung der Königinnen mit Roh- bzw. Drüsenfutter verfolgt werden kann.

Zunächst ließ sich in Vorversuchen mit $^{32}$P bzw. $^{143}$Pr oder $^{198}$Au-markiertem Honigwasser zeigen, daß die Königinnen im Falle von $^{32}$P mit der üblichen Verzögerung von etwa 8 h gegenüber den Arbeiterinnen radioaktiv wurden. Parallel geführte, mit $^{143}$Pr-markiertem Futter versehene Völker trugen dieses normal ein, die Königinnen erhielten jedoch unter Umständen auch nach Tagen keinerlei Radioaktivität (Abb. 8).

Nun wurde ein Volk mit ca. 200 innerhalb einer Woche begatteten Jungweibchen angesetzt. Es enthielt zu diesem Zeitpunkt neben Arbeiterinnen noch einige hundert Larven. Im Verlauf der folgenden zwei Wochen legten die Jungweibchen Eier in wachsender Zahl ab, während sich aus den alten Larven noch Arbeiterinnen entwickelten. Von der 4. bis zur 9. Woche entwickelten sich Arbeiterinnen in stetig steigender Zahl aus den zahlreichen Eiern der Jungweibchen. Präparierte Weibchen hatten in dieser Zeit Ovarien von maximaler Länge in voller Legetätigkeit. Etwa ab der 9. Woche ging die Eiproduktion zurück, die Ovarien präparierter Weibchen wurden kürzer. Gleichzeitig wurden in der Brut Geschlechtstierlarven, die sich durch ihre Größe von den Arbeiterinnenlarven auszeichnen, protokolliert. In der 12. Woche traten die ersten Geschlechtstierpuppen auf, gleichzeitig begannen einzelne Altköniginnen zu sterben.

Aus diesem Stammvolk wurden nun wöchentlich 2 Teilvölker mit je 8 Königinnen und einem entsprechenden Anteil Arbeiterinnen und Brut entnommen. Die Teilvölker wurden in der schon beschriebenen Weise mit $^{32}$P- bzw. $^{143}$Pr-markiertem Honig oder Proteinfutter versehen, dessen Verteilung im Volk und an die Königinnen verfolgt wurde. Da nur 2 Meßplätze mit Schreiber zur Verfügung standen, mußte jeweils alternierend in einer Woche ein Versuch mit Honig, in der folgenden Woche mit Proteinfutter durchgeführt werden. Die Resultate, die in Abb. 9a und b zusammengefaßt dargestellt sind, wurden in einer zweiten Versuchsserie stichprobenweise unter Verwendung von $^{198}$Au statt $^{143}$Pr bestätigt.

Abb. 9b zeigt die besonders aufschlußreichen Versuche mit $^{143}$Pr-markiertem Honig im Vergleich zu $^{143}$Pr-Mehlkäferpuppe. Aus den jeweils über 4 Tage laufenden Experimenten wurde der Zeitpunkt 48 h nach Eintragebeginn herausgegriffen. Wie schon einleitend erwähnt, kann aus den Meßwerten für die zu diesem Zeitpunkt gemessenen je 8 Königinnen, 20 Arbeiterinnen und 5 bis 10 Larven keine quantitative Aussage über die aufgenommene Nahrungsmenge gemacht werden. Wohl aber läßt sich sagen, daß Königinnen, Arbeiterinnen und Larven relativ zueinander im Verlauf des Brutzyklus in verschiedenem Maße den Tracer, der im Falle von $^{143}$Pr das "Rohfutter" repräsentiert, aufgenommen haben. Die wesentlichen Ergebnisse, die aus den (aus Raumgründen nicht komplett dargestellten) Daten der Messungen jeweils nach 4, 8, 24, 48 und 72 h nach Eintragebeginn hervorgehen, sind folgende:

1) Honig mit $^{143}$Pr (Kontrollen mit $^{198}$Au):

<u>Königinnen</u> erhalten in den ersten 6 Wochen nach der Begattung, in der Zeit der intensivsten Eiablage, sehr wenig Honig direkt verfüttert. In vielen Versuchen bleiben einige der eingesetzten Königinnen während der gesamten Versuchsdauer von 72 h frei von Aktivität. Wo die Meßwerte über dem 0-Effekt liegen, deuten sie eher auf eine Kontamination durch die Mundwerkzeuge der fütternden Arbeiterinnen hin als auf eine Übertragung von

markiertem Kropfinhalt. In den ersten beiden Wochen nach der Begattung scheinen geringe Mengen radioaktiven Honigs direkt an die Weibchen gegeben zu werden. Danach steigt die Beteiligung an diesem Futter erst nach der 6. bis zu 11. Woche wieder stark an. Mit dem Schlüpfen der jungen Geschlechtstiere in der 13. Woche ist ein Abfall zu verzeichnen: Die alternden Königinnen scheinen nicht mehr so intensiv von den Arbeiterinnen betreut zu werden wie zuvor. In dieser Phase verlassen die Königinnen nicht selten das Nest und ziehen mit den Arbeiterinnen auf Nahrungssuche.

Arbeiterinnen sind im Anfang des Brutzyklus vor allem 24 bis 72 h nach Eintragebeginn stark radioaktiv. Gegen Ende des Brutzyklus (9. bis 12. Woche) weisen sie geringere Werte im Vergleich zu Weibchen und Larven auf. Als Interpretation bietet sich die Annahme an, daß die Arbeiterinnen zunächst mehr von der aufgenommenen Nahrung selbst verdauen, Drüsensekrete produzieren und diese besonders an die Königinnen abgeben. Dabei würde das nicht resorbierte $^{143}$Pr bzw. $^{198}$Au im Darmtrakt der Arbeiterinnen zurückbleiben. Gegen Ende des Brutzyklus wird wahrscheinlich mehr Kropfinhalt direkt abgegeben, wobei auch der Tracer mit verfüttert wird. Der für die Geschlechtstierbrut sicher hohe Bedarf an Drüsensekreten kann durch die gegenüber den ersten Wochen erheblich größere Anzahl Arbeiterinnen leicht gedeckt werden.

Larven erhalten einen während unserer Versuche in Grenzen schwankenden Anteil an Honigwasser. Für exaktere Aussagen wäre eine Unterscheidung der Larvenstadien (wir haben stets "große" Larven des letzten Stadiums gemessen) sowie in männliche und weibliche erforderlich. Dies war im Rahmen unserer Arbeit technisch nicht möglich.

2) Proteinnahrung (Mehlkäferpuppe) mit $^{143}$Pr bzw. $^{198}$Au:

Auch Proteinfutter wird an die Königinnen in den ersten beiden Wochen direkt verfüttert. Danach erhalten sie bis zur 6. Woche wenig, in vielen Versuchen keinerlei Proteinrohfutter (also weder aus dem Kropf noch in Form von Partikeln). Ab der 7./8. Woche steigt der Anteil des direkt an die Königinnen abgegebenen Proteinfutters ähnlich wie bei Honigfutter (Abb. 9b).

Arbeiterinnen weisen in allen Versuchen sehr niedrige Aktivität aus Proteinfutter auf. Sie scheinen den größten Teil sofort wieder abzugeben. Die Larven hingegen werden während des gesamten Brutzyklus offenbar reichlich mit Proteinnahrung direkt versorgt.

3) Honigwasser mit $^{32}$P:

Königinnen erhalten zu Beginn des Brutzyklus, in der 1. bis etwa 6. Woche, zunächst in den ersten 6 bis 10 h nach Eintragebeginn keine Aktivität (vgl. Abb. 9a), werden also entsprechend den Ergebnissen mit $^{143}$Pr nicht oder nur sehr wenig mit "Rohhonig" gefüttert. Ab der 6./7. Woche findet sich $^{32}$P auch schon 2 bzw. 4 Stunden nach Eintragebeginn, zuerst nur bei einigen der im Versuch befindlichen Königinnen, mit Fortschreiten des Brutzyklus jedoch bei allen.

12 bis 24 h nach Eintragebeginn sind durchwegs alle Königinnen radioaktiv, ihre Aktivität nimmt zuerst rascher, gegen 48 bis 72 h nach Eintragebeginn (24 h nach EB wurde das radioaktive Futter entfernt!) langsamer zu.

Im Laufe des Brutzyklus ändert sich der Anteil des $^{32}$P bei Königinnen, etwa zum Zeitpunkt 48 h nach EB, nur wenig. Gegen Ende des Brutzyklus ist eine leichte Zunahme gegenüber Arbeiterinnen und Larven zu verzeichnen, die wahrscheinlich auf die mit $^{143}$Pr nachgewiesene zunehmende Versorgung mit "Rohhonig" zurückgeführt werden kann.

In unseren mit S. invicta durchgeführten Versuchen, bestehend aus je einer fertilen Königin und 30 bis 50 Arbeiterinnen, nahm die nach ca. 30 h beginnende $^{32}$P-Übertragung zunächst langsam zu, nach 6 bis 7 Tagen kam es jedoch zu einem steilen Anstieg der Radioaktivität in den Königinnen. Wir können dies nur durch eine physiologische Erschöpfung der Drüsensekretionssysteme der relativ viel zu kleinen Gruppe von Arbeiterinnen erklären. Die "Abschirmung" gegen Rohfutter bricht also zusammen, und die weiterhin intensiv gepflegte und gefütterte Königin erhält nunmehr Kropfinhalt übertragen.

Arbeiterinnen zeigen im Verlauf des Brutzyklus wenig Änderungen im $^{32}$P-Gehalt zu vergleichbaren Zeiten nach EB. Man kann unter Berücksichtigung der $^{143}$Pr-Werte annehmen, daß in der ersten Hälfte des Brutzyklus mehr $^{32}$P mit den Drüsensekreten, danach mehr aus dem Kropf abgegeben wird.

Larven verhalten sich in diesen Versuchen sehr ähnlich den Arbeiterinnen: Sie weisen annähernd gleichbleibende Werte während des Brutzyklus auf. In Verbindung mit den ebenfalls wenig variierenden Werten bei $^{143}$Pr-Honig kann geschlossen werden, daß es sich um direkt verfütterten Kropfinhalt handelt, zumal auch nicht die bei Königinnen festgestellte Verzögerung nach EB auftritt.

4) Proteinnahrung mit $^{32}$P:

Königinnen werden bei Fütterung des Volkes mit $^{32}$P-markierten Mehlkäferpuppen in den ersten beiden Wochen des Brutzyklus so wie bei $^{143}$Pr-Fütterung rasch radioaktiv. Eine direkte Übergabe dieses Futters durch die Arbeiterinnen ist damit wahrscheinlich. Auch im weiteren Verlauf des Brutzyklus weisen die Königinnen zu vergleichbaren Zeiten nach EB hohe und relativ gleichartige Markierung auf. Wie bei Honigwasser ist zwischen einer Übergabe des $^{32}$P mit Kropfinhalt (hier auch mit Partikeln) und mit Drüsensekreten nicht zu unterscheiden. Die im Vergleich zu $^{143}$Pr-Mehlkäferpuppen in der 3. bis etwa 10. Woche relativ viel höheren Werte der Königinnen bei Fütterung von $^{32}$P-Mehlkäferpuppe lassen darauf schließen, daß ein Großteil des $^{32}$P via Drüsensekrete der Arbeiterinnen an die Königinnen geht.

Arbeiterinnen scheinen wie im Falle von $^{32}$P-Honig das Phosphat rasch umzusetzen und, sei es mit Drüsen- oder mit Kropffutter, rasch wieder abzugeben. Sie haben während des gesamten Brutzyklus durchwegs 48 h nach EB sehr niedrige Werte.

Larven erhalten offenbar, so wie im Falle von $^{32}$P-Honig, während des ganzen Brutzyklus gleichartig viel Protein, das ihnen nach den $^{143}$Pr-Werten überwiegend als Rohfutter übergeben werden dürfte. Die Ernährung der Geschlechtstierlarven konnten wir, wie schon oben erwähnt, im Rahmen dieser Versuche nicht untersuchen.

In der Gesamtschau der Experimente mit den beiden Tracern und den beiden Futterqualitäten ist jedenfalls ein deutlicher Wechsel in der Ernährung der Königinnen zu erkennen: Während die begattete Jungkönigin zunächst noch, zumindest teilweise, an dem den Arbeiterinnen gebotenen "Rohfutter" beteiligt wird, wird sie in der Phase der intensivsten Eiablage, mit der eine progressive Arbeiterinnenproduktion parallel geht, wochenlang fast völlig von "Rohfutter" abgeschirmt und erhält ausschließlich Drüsenfutter von den Arbeiterinnen. Parallel zur Umstellung der Brutaufzucht auf eine Geschlechtstierproduktion wird diese "Abschirmung" der Königin schwächer, sie erhält zunehmend Rohfutter. Gleichzeitig nimmt ihre Legeleistung ab.

Diskussion der Ergebnisse

Unsere Befunde zeigen zunächst, daß die Pharaoameise als Modelltier für das Studium der außerordentlich komplexen trophallaktischen Beziehungen in kompletten Sozietäten geeignet ist. Änderungen in der Versorgung der Königin mit Nahrungssubstanzen während eines Brutzyklus ließen sich demonstrieren. Die aufgezeigten Änderungen verlaufen sinnrichtig parallel zum Verlauf der Eiproduktion der Königinnen und zur Aufzucht von Arbeiterinnen- oder Geschlechtstierbrut. Die Methode der selektiven Markierung des Kropf- und Darminhalts durch einen nicht resorbierbaren und damit nicht in den Stoffwechsel eintretenden Tracer ($^{143}$Pr, $^{198}$Au) erlaubte es, die Verteilungswege von Kropf- und Drüsenfutter besser zu trennen als das bisher mit $^{32}$P möglich war. Die Ergebnisse bestätigen jedoch die Interpretation der früheren $^{32}$P-Versuche (Gößwald u. Kloft, 1960, Markin, 1970): Verspätete Übergabe von $^{32}$P an Königinnen bedeutet, daß dieser Tracer nicht mit dem Kropfinhalt der Arbeiterin, sondern mit von ihr produzierten Drüsensekreten weitergegeben wird.

Die Experimente beleuchten deutlich die Sonderstellung der Königin, vor allem während der intensivsten Eiablage: In dieser Zeit wird sie ausschließlich oder fast ausschließlich mit Drüsensekreten ernährt. Aus den Arbeiten von Engels (1971), Görtz (1971) und Skrzipek (1969) geht hervor, daß die Drüsensekrete in erster Linie Proteine enthalten, die in die heranreifenden Oocyten eingebaut werden. Engels weist darauf hin, daß damit die Verdauung und zum Teil sogar die Synthese arteigener Proteine aus dem Organismus der Königin heraus in den der Arbeiterin verlegt ist.

Außerhalb dieser Periode der intensivsten Eiablage ist die Königin jedoch an den normalen Futterstrom zumindest teilweise angeschlossen: In den ersten Wochen nach der Begattung, während die Ovariolen heranwachsen, aber noch wenige Eier abgelegt werden, später dann während der Geschlechtstieraufzucht und in der Phase des Alterns. Darüber, wie weit diese Befunde bei der Pharaoameise auf andere Ameisen übertragen werden können, lassen sich nur Vermutungen anstellen. Setzt man den Brutzyklus der Pharaoameise mit dem Jahreszyklus einer Ameise der Mittelbreiten parallel, so wäre in der Zeit geringer Eiablage im Frühjahr und Herbst mit einer "Rohfutterversorgung" der Königinnen zu rechnen.

Versuche mit verschiedenen einheimischen Ameisenarten der Gattungen Leptothorax, Myrmica u.a. deuten darauf hin. Während der stärksten Eiablage wurde auch bei einheimischen Ameisen häufig die bekannte Verzögerung der Übergabe von $^{32}$P an die Königin beobachtet (Gößwald u. Kloft, 1960), was eine Abschirmung von "Rohfutter" bedeuten dürfte. Ausnahmen bilden die Waldameisen, deren Eiablage im Frühjahr beginnt, bevor aus der Nestumgebung Nahrung eingetragen werden kann. Ihre Königinnen werden sicher im Frühjahr nur mit Drüsensekreten ernährt.

Interessant ist der Übergang der Pharaoameisenkönigin zu "Rohfutterernährung" während der Geschlechtstieraufzucht. Aus den Arbeiten von Gößwald und Bier (1954) an Waldameisen ist bekannt, daß die Geschlechtstieraufzucht bei "physiologischer Weisellosigkeit" erfolgt, daß die Königinnen sich in der Zeit der Geschlechtstieraufzucht aus dem Brutnest entfernen und tiefergelegene, kühlere Bereiche des Nesthügels aufsuchen. Damit wird die Konkurrenz zwischen Königinnen und Geschlechtstierlarven um die "profertilen Substanzen" (Bier, 1956), um die Drüsensekrete ausgeschaltet. Bei Monomorium wird dies offenbar damit erreicht, daß die kurzlebigen Königinnen gegen Ende ihres Lebens und zu einer Zeit, in der sehr viele Jungarbeiterinnen im Nest sind, als Verbraucher des Drüsenfutters allmählich ausscheiden. Dies und die geringere Produktion an Eiern führt dazu, daß für weniger Larven mehr Drüsenfutter zur Verfügung steht, so daß sie sich zu Geschlechtstieren entwickeln können. Was dabei allerdings Ursache und was Folge ist, konnte noch nicht geklärt werden. Es ist nicht bekannt, ob die Geschlechtstierbrut durch das Altern der Königinnen und die damit verbundene Ernährungsumstellung induziert wird oder umgekehrt. Wir konnten nur die Feststellung treffen, daß die Königinnen in diesem Zeitraum eine drastische Umstellung in ihrer Ernährung erfahren.

Um weiter in das System der Ernährungsbeziehungen in der Insektensozietät einzudringen, wird es nach unseren Erfahrungen notwendig sein, außer dem Kropfinhalt auch bestimmte Gruppen von Nahrungssubstanzen (Proteine, Aminosäuren, Kohlenhydrate, vielleicht Fette) selektiv zu markieren. Um deren Verteilungswege definitiv festlegen zu können wird es ferner erforderlich sein, möglichst mit kompletten Sozietäten zu arbeiten. Nur in diesen dürfte eine quantitative Abschätzung der verteilten Substanzen möglich sein. Unsere Ergebnisse zeigen weiterhin, daß der physiologische Zustand der Sozietäten zum Versuchszeitpunkt von großer Bedeutung ist. Dies wird beim Vergleich unserer Resultate mit einer jüngeren Arbeit (Markin, 1970) an Iridomyrmex humilis deutlich, einer Ameise mit einer ähnlichen sozialen Organisation wie die Pharaoameise. So berichtet Markin, daß "Zucker hauptsächlich von den Arbeiterinnen verwertet wird. Proteinnahrung erreichte mehr die Larven, erhebliche Mengen werden auch direkt an die Königinnen gefüttert". Es ist zu vermuten, daß die Ergebnisse zu einem anderen Zeitpunkt anders ausgefallen wären. Der physiologische Zustand der Königinnen sowie ihr Alter wurden in dieser Arbeit nicht berücksichtigt.

Für die Praxis etwa der Bekämpfung der Pharaoameise mit begifteten Fraßködern ergeben sich aus unseren Befunden ebenfalls interessante Aspekte. Ganz klar wird ersichtlich, daß man nicht jederzeit damit rechnen kann, daß ein Giftköder direkt von den Arbeiterinnen zu den Königinnen geschleppt wird. In der Phase der starken Eiablage werden die Königinnen davon nicht erreicht. Im "Freiland" ist die Synchronisation der Königinnen zumindest in verschiedenen Teilvölkern eines Befallsherdes wahrscheinlich nicht so vollkommen wie in unseren Experimentalvölkern. So wird es verständlich, weshalb in der praktischen Bekämpfung von

Monomorium pharaonis mit Giftködern nie sofortige Erfolge erzielt werden
können. Die Bekämpfungsaktion muß über längere Zeit fortgesetzt werden,
wobei über die Vergiftung der Arbeiterinnen und Larven die Königinnen
praktisch "ausgehungert" werden müssen. Pharaoameisenköniginnen, die
nach einer Vielzahl von Berichten auf den Straßen und am Futter außerhalb der Nester beobachtet werden, sind in den meisten Fällen sehr junge
oder alte, schon nicht mehr legende Weibchen.

Zusammenfassung

Transport und Verteilung von Kohlenhydrat- und Proteinnahrung in kompletten Sozietäten der Pharaoameise wurden mittels der Radioisotopen-
technik untersucht.

Flüssige Nahrungssubstanzen werden im Kropf, feste Substanzen teilweise
in Form von Partikeln ins Nest eingetragen.

Verschiedene Nahrungssubstanzen werden unterschiedlich schnell nach der
Zugabe eingetragen. Das Eintragen durch die Arbeiterinnen erfolgt zunächst kontinuierlich, nimmt aber mit dem "Altern" der Futtersubstanz
ab. Das Einbringen radioaktiv markierter Nahrung wurde mittels kontinu-
ierlicher Registrierung der Radioaktivität im Nest verfolgt.

Die Verteilung markierter Kohlenhydrat- und Proteinnahrung unter den
Arbeiterinnen ist unterschiedlich: Kohlenhydratfutter wird gleichmäßiger
an alle Arbeiterinnen verteilt. In reinen Arbeiterinnengruppen erfolgt die
Futterverteilung weniger gleichmäßig als in kompletten Sozietäten. Insgesamt ist die Pharaoameise im Vergleich etwa zu Formicinen ein "schlechter" Futterverteiler.

Königinnen erhalten bei Fütterung des Volkes mit $^{32}$P-markierten Substanzen den Tracer häufig mit 6 bis 12 Stunden Verspätung gegenüber den Arbeiterinnen. Sie werden in diesem Fall wahrscheinlich mit Drüsensekreten ernährt.

Durch Verwendung nicht resorbierbarer Tracer ($^{143}$Pr, $^{198}$Au) konnte das
"Rohfutter" gegenüber den Drüsensekreten selektiv markiert werden.

In Vergleichsexperimenten mit $^{32}$P und $^{143}$Pr bzw. $^{198}$Au-markiertem
Futter über einen gesamten Brutzyklus der Pharaoameise hinweg wurde
gezeigt, daß die Königinnen kurze Zeit nach der Begattung und während
einer Geschlechtstierbrut mit "Rohfutter" in stärkerem Ausmaß versorgt
werden. In der dazwischenliegenden mehrwöchigen Phase starker Eiablage sind sie zeitweilig völlig oder fast völlig vom "Rohfutter" abgeschirmt
und werden nur mit Drüsensekreten ernährt. Die Bedeutung dieser Befunde wird im Hinblick auf die ernährungsphysiologischen Grundlagen der
Kastendetermination sowie auf die Praxis der Bekämpfung mit begifteten
Fraßkörpern diskutiert.

## Danksagung

Fräulein U. Winter und Frau M. Braun-Petersen sei herzlich gedankt für ihre Hilfe bei der Betreuung der Versuchstiere und der Durchführung zahlreicher Experimente.

## Literaturverzeichnis

Alibert, J.: Échanges trophallactiques chez un termite superieur. Contamination par le phosphore radio-actif de la population d'un nid de Cubitermes fungifaber. - Ins. Soc. 10, 1-12 (1963).

Bier, K. H.: Arbeiterinnenfertilität und Aufzucht von Geschlechtstieren als Regulationsleistung des Ameisenstaates. - Ins. Soc. 3, 177-184 (1956).

Buschinger, A. und M. Petersen: Die Dauerzucht der Pharaoameise Monomorium pharaonis (L.) im Labor. - Anz. f. Schädlingsk. u. Pflanzenschutz 44, 103-106 (1971).

Chauvin, R., G. Courtois und J. Lecomte: Sur la transmission d'isotopes radio-actifs entre deux fourmilières d'espèces différentes (Formica rufa, Formica polyctena). - Ins. Soc. 8, 99-107 (1961).

Chauvin, R. und J. Lecomte: Sur les échanges du deuxième degré entre colonies filles de Formica polyctena, étudiés au moyen des radio-isotopes. - Ins. Soc. 11, 97-104 (1964).

Engels, W.: Der intra- und interindividuelle Protein-Stoffwechsel bei Apis mellifica unter besonderer Berücksichtigung der Oogonese. - Vortr. 6. Tagung der Deutschspr. Sekt. d. IUSSI, Berlin (1971).

Forel, A.: Etudes myrmecologiques en 1879. - Bull. Soc. Vaud. 16 (1879).

Görtz, H.-D.: Fragen zur Herkunft der Dotterproteine bei Formica polyctena Foerst. - Vortr. 6. Tagung der Deutschspr. Sekt. d. IUSSI, Berlin (1971).

Gößwald, K. und W. Kloft: Untersuchungen über die Verteilung von radioaktiv markiertem Futter im Volk der Kleinen Roten Waldameise (Formica rufa rufopratensis minor). Waldhygiene 1, 200-202 (1956).

Gößwald, K. und W. Kloft: Der Eichenwickler (Tortrix viridana L.) als Beute der Mittleren und Kleinen Roten Waldameise. - Waldhygiene 1, 205-215 (1956).

Gößwald, K. und W. Kloft: Neuere Untersuchungen über die sozialen Wechselbeziehungen im Ameisenvolk, durchgeführt mit Radioisotopen. - Zool. Beitr. N.F. 5, 519-556 (1960).

Goetsch, W.: Beiträge zur Bekämpfung von Ameisenstaaten. Teil 1. Z. angew. Entomol. 27, 273-320 (1939).

Kloft, W.: Direktes und indirektes Verfahren zur Messung der Beta-Strahlenabsorption von kleinen Gewebeschichten an Insekten. - G.I.T. Glas-Instrumenten-Technik 3, 79-82 (1959).

Kloft, W. und E.G. Farnworth: Transfer of food and cuticular substances between workers and queen of the imported Fire Ant, Solenopsis invicta Buren (Hymenoptera, Formicidae). - (i. Dr. 1972).

Kneitz, G.: Traceversuche zur Futterverteilung bei Waldameisen. - Symp. Genet. Biol. Ital. 12, 38-50 (1963).

Kretzschmar, K.H.: Eine Methode zur Massenzucht und Einzelbeobachtung von Kolonien der Pharaoameise (Monomorium pharaonis L.). - Biol. Zbl. 90, 715-721 (1971).

Lange, R.: Die Nahrungsverteilung unter den Arbeiterinnen des Waldameisenstaates. - Z. Tierpsychol. 24, 513-545 (1967).

McMahan, E.A.: Feeding Relationships and Radioisotope Techniques. In: Krishna, K. und F.M. Weesner, Biology of Termites Vol. I, 387-406, New York (1969).

Markin, G.P.: Food distribution within laboratory colonies of the Argentine Ant, Iridomyrmex humilis (Mayr). - Ins. Soc. 17, 127-158 (1970).

Naarmann, H.: Untersuchungen über Bildung und Weitergabe von Drüsensekreten bei Formica mit Hilfe der Radioisotopenmethode. - Experientia 19, 412-413 (1963).

Paulsen, R.: Funktion der Propharynx-, Postpharynx- und Labialdrüsen von Formica polyctena Foerst. (Hymenoptera, Formicidae). - Inaugural - Dissertation, Würzburg (1969).

Petersen, M. und A. Buschinger: Das Begattungsverhalten der Pharaoameise Monomorium pharaonis (L.). - Z. angew. Entomol. 68, 168-175 (1971).

Skrzipek, H.: Herstellung und Weitergabe des Futtersaftes durch die Arbeiterinnen und seine Verwertung im Organismus der Ameisenkönigin. - Inaugural-Dissertation, Münster (1969).

Sudd, J.H.: An Introduction to the Behaviour of Ants. London (1967).

Sy, M.: Ein Nutznießer der wirtschaftlichen Entwicklung: Die Pharao-Ameise. - Kommunalwirtschaft 1970, 4.

Wilson, E.O.: The Insect Societies. Cambridge, Mass. (1971).

Wilson, E.O. und T. Eisner: Quantitative studies of liquid food transmission in ants. - Ins. Soc. $\underline{4}$, 157-166 (1957).

# Abbildungen

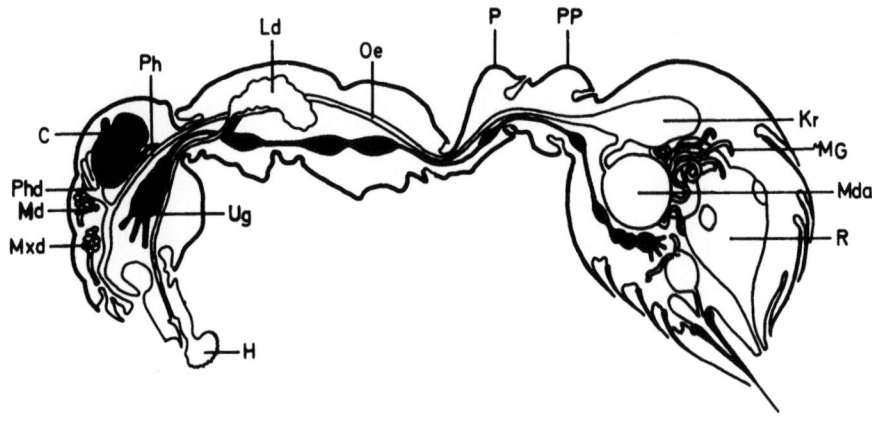

Abb. 1: Längsschnitt durch eine Myrmicinen-Arbeiterin (nach Grassé, verändert). C Cerebralganglion, H Hypopharynx, Kr Kropf, Ld Labialdrüse, Md Mandibulardrüse, Mda Mitteldarm, Mxd Maxillardrüse, MG Malpighi-Gefäße, Oe Oesophagus, P Petiolus, PP Postpetiolus, Ph Pharynx, Phd Pharyngealdrüse, R Rectum, Ug Unterschlundganglion.

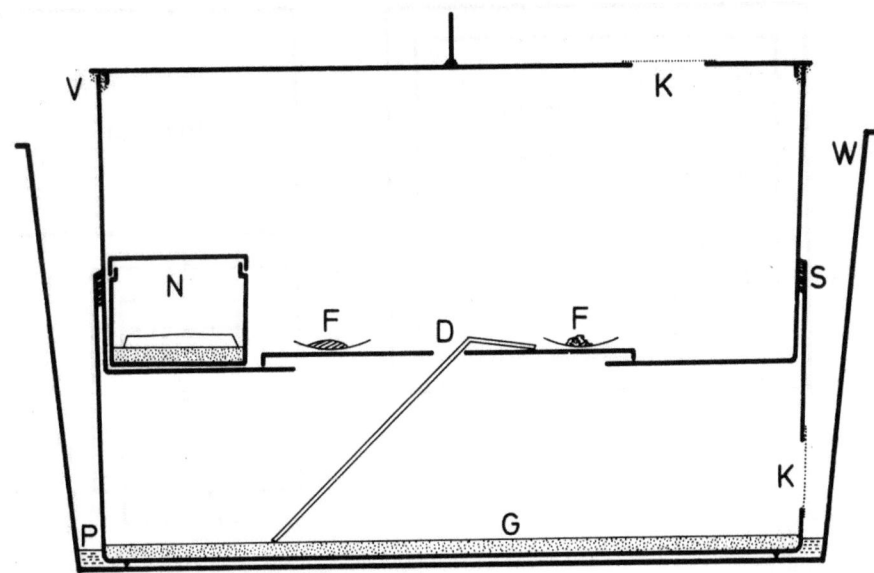

Abb. 2: Zuchtbehälter für Pharaoameisen. D Durchgang vom oberen zum unteren Nestteil, F Futternäpfe, G Gipsbelag, K mit Kupferdrahtgaze verschlossene Ventilationsöffnung, N eine der 3 bis 4 im Behälter verteilten Nestkammern mit Gipsboden und Papierunterschlupf, P Paraffinölbad, S Verschweißungslinie, V mit Vaseline verstrichene Deckelfuge, W Wanne. (Aus Buschinger u. Petersen, 1971).

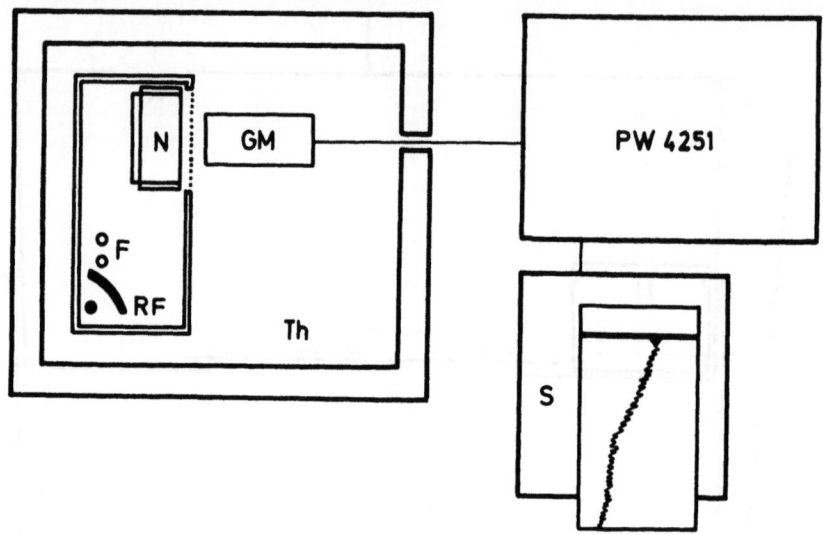

Abb. 3: Schema der Versuchsanordnung zur kontinuierlichen Registrierung des Futtereintragens ins Nest. N Unterschlupf aus gefaltetem Papier für das Ameisenvolk, F Uhrgläser mit nicht-radioaktivem Futter und Wasser in der Arena, RF radioaktives Futter hinter einer 1 cm dicken Bleiabschirmung gegen den Detektor hin, GM Geiger-Müller-Detektor am Versuchsbehälter, in dessen Wand ein Stück Kupferdrahtgaze eingeschweißt ist. Es schirmt die vom "Nest" kommende Strahlung weniger ab als die Kunststoff-Behälterwand. Th Thermostat, PW 4251 PHILIPS-Kompaktmeßplatz, S Schreiber.

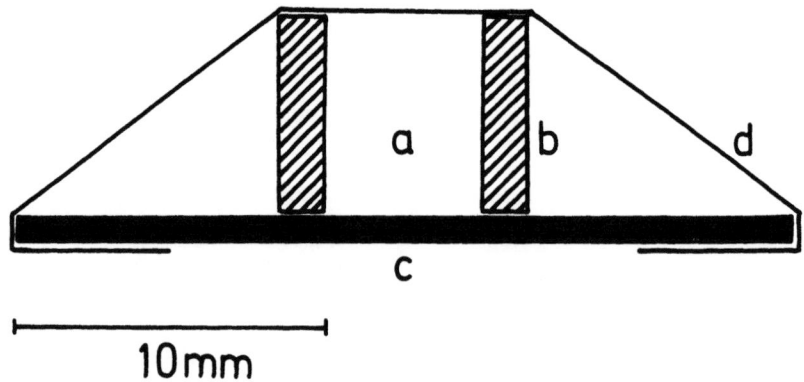

Abb. 4: Meßkammer für die Lebendmessung von Ameisen. a Tierkammer, b PVC-Schlauchring, c Al-Plättchen, d Parafilm$^R$-Streifen, 1 cm breit, gestreckt und an der Unterseite des Al-Plättchens durch Andrücken festgeklebt.

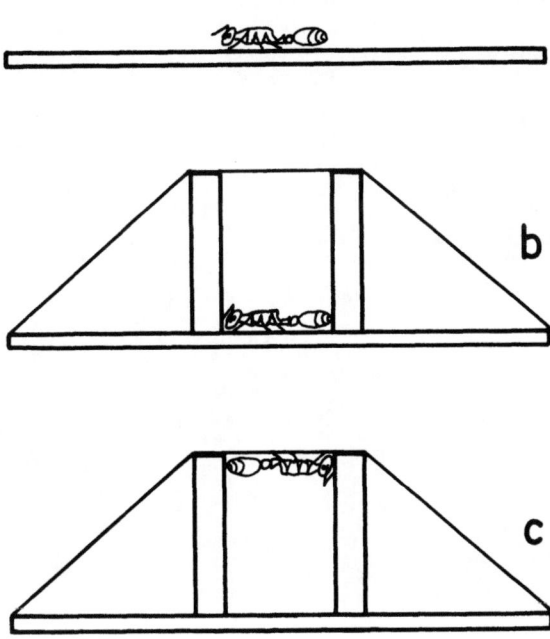

Abb. 5: Meßfehler bei der Lebendmessung in der Meßkammer: Das Tier kann sich im Extremfall während der ganzen Meßzeit am Boden (b) oder an der Decke (c) der Kammer aufhalten. Infolge der Veränderungen der Meßgeometrie (Abstand und Seitstreuung am Plastikring) sowie Abschirmung gegenüber einer toten, außerhalb der Kammer gemessenen Ameise (a) verhalten sich die Meßwerte wie (a) 100 : (b) 50 : (c) 125. In der Regel laufen die Tiere in der Kammer umher, so daß ein mittlerer Wert registriert wird.

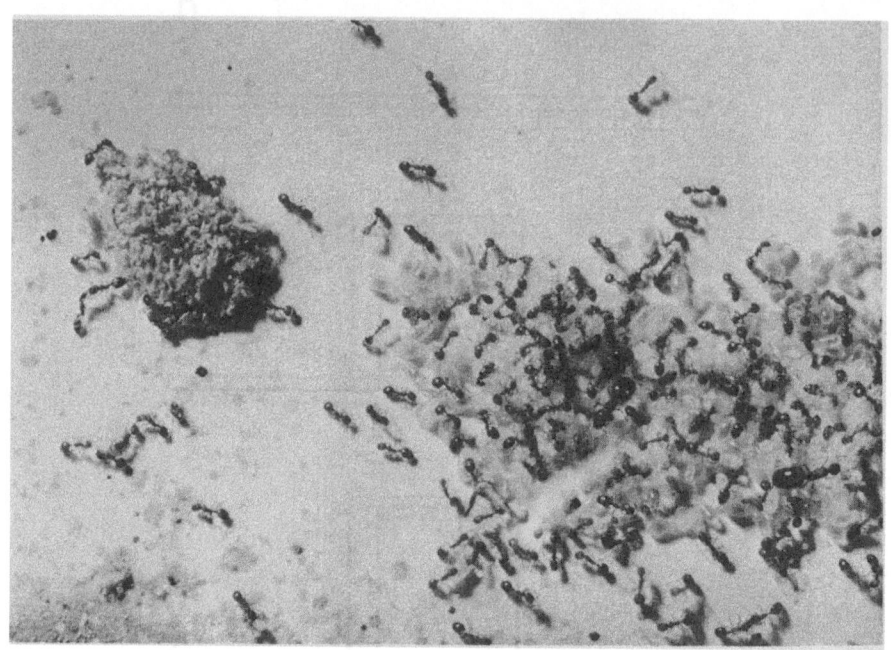

Abb. 6: Anhäufung von eingetragenen Fleischpartikeln (links oben) in der Nähe der Brut einer Pharaoameisenkolonie.

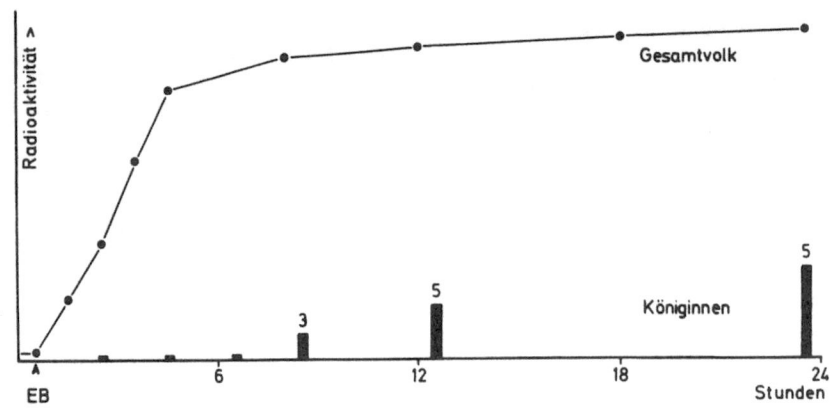

Abb. 7: Verlauf des Eintragens von Proteinnahrung ($^{32}$P-Mehlkäferpuppe) durch ein Pharaoameisenvolk mit 5 Königinnen. 3 der 5 Königinnen weisen 7 bis 8 h nach Eintragebeginn (EB) Radioaktivität über dem 0-Wert (erste 3 Messungen) auf, die restlichen beiden werden 8 bis 12 h nach EB aktiv. Da Gesamtvolk und Königinnen in verschiedenen Meßsystemen gemessen werden, sind die Meßwerte nicht direkt vergleichbar. Auf der Ordinate sind deshalb keine Impulsraten eingezeichnet. Die Säulen bedeuten das Mittel der Meßwerte von 3 bzw. allen 5 radioaktiven Königinnen.

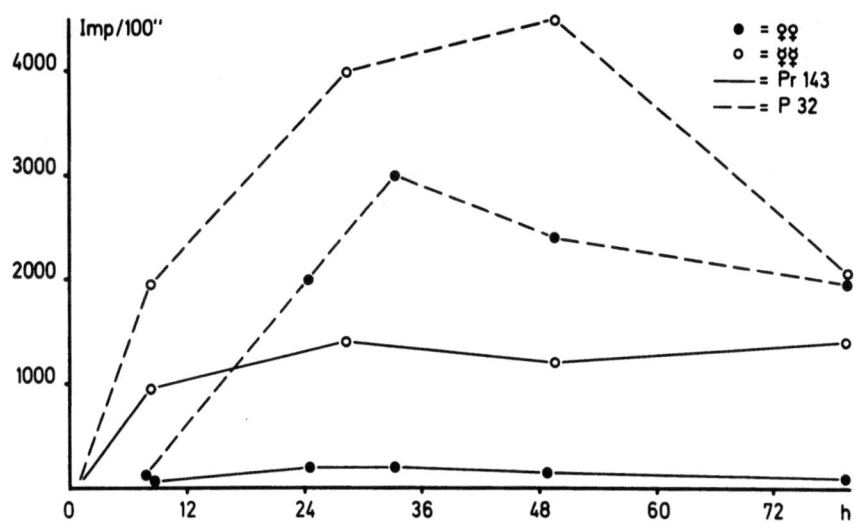

Abb. 8: Vergleich der Markierung von Königinnen und Arbeiterinnen bei Fütterung von $^{32}$P bzw. $^{143}$Pr-markiertem Honig an zwei Pharaoameisenvölker. Der Eintragebeginn durch die Arbeiterinnen beider Völker liegt bei 0, die Königinnen des $^{32}$P-Volkes erhalten mit der üblichen Verzögerung von etwa 8 h den Tracer. Die Königinnen im $^{143}$Pr-Volk erreichen während der gesamten Versuchsdauer Werte, die nur wenig über dem 0-Effekt liegen und wohl von der Kontamination der Mundwerkzeuge der Arbeiterinnen herrühren. Reine Drüsensekretfütterung der Königinnen! Das radioaktive Futter wurde 24 h nach EB weggenommen. Die Meßpunkte entsprechen den Mittelwerten der Messung von jeweils 20 Arbeiterinnen und 8 Königinnen.

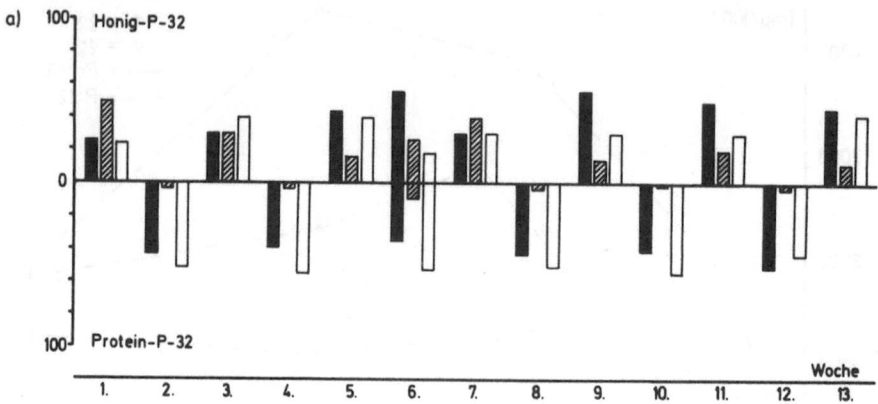

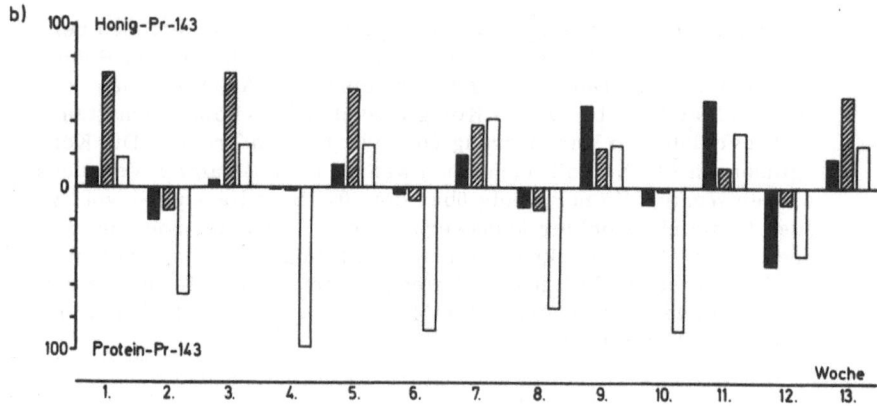

Abb. 9a und b: Relative Beteiligung von Königinnen (schwarz), Arbeiterinnen (schräg schraffiert) und Larven (weiß) an $^{32}$P (a) beziehungsweise $^{143}$Pr (b) aus Honig- oder Proteinnahrung im Verlauf eines Brutzyklus jeweils 48 h nach EB und 24 h nach Wegnahme des radioaktiven Futters. Aus der Höhe der Säulen kann nicht auf Unterschiede in der absoluten aufgenommenen Nahrungsmenge geschlossen werden. Nähere Erläuterungen siehe Text!

# Forschungsberichte des Landes Nordrhein-Westfalen

Herausgegeben im Auftrage des Ministerpräsidenten Heinz Kühn
vom Minister für Wissenschaft und Forschung Johannes Rau

## Sachgruppenverzeichnis

**Acetylen · Schweißtechnik**
Acetylene · Welding gracitice
Acétylène · Technique du soudage
Acetileno · Técnica de la soldadura
Ацетилен и техника сварки

**Arbeitswissenschaft**
Labor science
Science du travail
Trabajo científico
Вопросы трудового процесса

**Bau · Steine · Erden**
Constructure · Construction material · Soilresearch
Construction · Matériaux de construction · Recherche souterraine
La construcción · Materiales de construcción · Reconocimiento del suelo
Строительство и строительные материалы

**Bergbau**
Mining
Exploitation des mines
Minería
Горное дело

**Biologie**
Biology
Biologie
Biologia
Биология

**Chemie**
Chemistry
Chimie
Quimica
Химия

**Druck · Farbe · Papier · Photographie**
Printing · Color · Paper · Photography
Imprimerie · Couleur · Papier · Photographie
Artes gráficas · Color · Papel · Fotografía
Типография · Краски · Бумага · Фотография

**Eisenverarbeitende Industrie**
Metal working industry
Industrie du fer
Industria del hierro
Металлообрабатывающая промышленность

**Elektrotechnik · Optik**
Electrotechnology · Optics
Electrotechnique · Optique
Electrotécnica · Optica
Электротехника и оптика

**Energiewirtschaft**
Power economy
Energie
Energía
Энергетическое хозяйство

**Fahrzeugbau · Gasmotoren**
Vehicle construction · Engines
Construction de véhicules · Moteurs
Construcción de vehículos · Motores
Производство транспортных средств

**Fertigung**
Fabrication
Fabrication
Fabricación
Производство

**Funktechnik · Astronomie**
Radio engineering · Astronomy
Radiotechnique · Astronomie
Radiotécnica · Astronomía
Радиотехника и астрономия

**Gaswirtschaft**
Gas economy
Gaz
Gas
Газовое хозяйство

**Holzbearbeitung**
Wood working
Travail du bois
Trabajo de la madera
Деревообработка

**Hüttenwesen · Werkstoffkunde**
Metallurgy · Materials research
Métallurgie · Matériaux
Metalurgia · Materiales
Металлургия и материаловедение

**Kunststoffe**
Plastics
Plastiques
Plásticos
Пластмассы

**Luftfahrt · Flugwissenschaft**
Aeronautics · Aviation
Aéronautique · Aviation
Aeronáutica · Aviación
Авиация

**Luftreinhaltung**
Air-cleaning
Purification de l'air
Purificación del aire
Очищение воздуха

**Maschinenbau**
Machinery
Construction mécanique
Construcción de máquinas
Машиностроительство

**Mathematik**
Mathematics
Mathématiques
Matemáticas
Математика

**Medizin · Pharmakologie**
Medicine · Pharmacology
Médecine · Pharmacologie
Medicina · Farmacología
Медицина и фармакология

**NE-Metalle**
Non-ferrous metal
Metal non ferreux
Metal no ferroso
Цветные металлы

**Physik**
Physics
Physique
Física
Физика

**Rationalisierung**
Rationalizing
Rationalisation
Racionalización
Рационализация

**Schall · Ultraschall**
Sound · Ultrasonics
Son · Ultra-son
Sonido · Ultrasónico
Звук и ультразвук

**Schiffahrt**
Navigation
Navigation
Navegación
Судоходство

**Textilforschung**
Textile research
Textiles
Textil
Вопросы текстильной промышленности

**Turbinen**
Turbines
Turbines
Turbinas
Турбины

**Verkehr**
Traffic
Trafic
Tráfico
Транспорт

**Wirtschaftswissenschaften**
Political economy
Economie politique
Ciencias económicas
Экономические науки

Einzelverzeichnis der Sachgruppen bitte anfordern

 Springer Fachmedien Wiesbaden GmbH

MIX
Papier aus verantwortungsvollen Quellen
Paper from responsible sources
FSC® C105338

If you have any concerns about our products,
you can contact us on
**ProductSafety@springernature.com**

In case Publisher is established outside the EU,
the EU authorized representative is:
**Springer Nature Customer Service Center GmbH
Europaplatz 3, 69115 Heidelberg, Germany**

Printed by Libri Plureos GmbH
in Hamburg, Germany